印刻
印刻书院

中小学生通识读本

儿童的春夏秋冬

儿童的秋

蒋　蘅◎编译

图书在版编目（CIP）数据

儿童的秋 / 蒋蘅编译. － 哈尔滨：哈尔滨出版社，
2018.10（2022.10 重印）
（儿童的春夏秋冬）
ISBN 978-7-5484-4088-8

Ⅰ. ①儿… Ⅱ. ①蒋… Ⅲ. ①自然科学－儿童读物
Ⅳ. ①N49

中国版本图书馆CIP数据核字(2018)第118932号

书　　名：儿童的秋
　　　　　ERTONG DE QIU

作　　者：蒋　蘅　编译
责任编辑：张　薇　邹德萍
责任审校：李　战
装帧设计：吕　林

出版发行：哈尔滨出版社（Harbin Publishing House）
社　　址：哈尔滨市松北区世坤路738号9号楼　　邮编：150028
经　　销：全国新华书店
印　　刷：河北彩和坊印刷有限公司
网　　址：www.hrbcbs.com　　www.mifengniao.com
E-mail：hrbcbs@yeah.net
编辑版权热线：（0451）87900271　87900272
销售热线：（0451）87900202　87900203
邮购热线：4006900345（0451）87900256

开　　本：787mm × 1092mm　1/16　印张：8.5　字数：100千字
版　　次：2018年10月第1版
印　　次：2022年10月第2次印刷
书　　号：ISBN 978-7-5484-4088-8
定　　价：36.00元

序

翻译这本书的动机，译者在她的序言里已经说得很详尽了。我来说说他的特点。

这书采用的是启发式。他要求教师用问答来引起儿童的研究兴趣，用实物来让儿童亲自观察。这样，使儿童对于周围的事物，获得正确而完整的认识，而不是隔靴搔痒的或鸡零狗碎的东西。

这种自由活泼的作风，实地观察的方法，是与专读死书，只重背诵有着天渊之别的。而后一种教育方法只能造就出书呆子（不辨菽麦）跟留声机（人云亦云）罢了。

我希望这本书将有助于教师们进行真正说得上是教育的教育。真能如此，那么译者的劳力就不是白费，地下有知，也会因为自己的工作还在人间起着作用而引以为慰的吧。

何公超

一九四七年四月廿日于上海

译序

这年头儿，大家都着重于儿童教育了，是的，我们一切都还得从头做起，甚而至于从儿童时期的教育做起。这虽说出版界一般情形的推移，有其时代的必然，然而从社会的见地说来，总还是进步的现象，因为以前没有的，现在有了，也足自慰。

本书原名 In The Child' s World，编者美国 Emillie Poulsoon。译者所以移译这书的原因：第一，因为单纯地爱好它，第二，因为国内教育名家说了许多教育理论，却并没有一部实际可采用的材料，以供观摩，本书足以弥此缺陷，所以就译出来了。（特有的欧美风俗及涉及迷信者均删去不译。）此书大部分取材于自然生活，贯通全书的精神，约而言之，为科学与爱，直始引导儿童趋向于乐天、活泼、美丽的感受，对于生命的尊崇，大自然的爱好与认识。这里不是生硬的教训，而是温情的诱掖。

关于教育的原理，亦见其湛深，如是“马”“鞋匠”“花篮”（见冬之卷）等篇之“给教师”，至于教育实施的方法，则可见之于“谈话”。

自然，这里面有许多地方对于中国小孩子的生活习惯上，不免微嫌隔膜，这凡是译本所难免的。然而从其结构、表现、取材各方面说来，都足供我们以绝好的借鉴。故译者认为本书在教育上的价值，并不因译本而抑减。

本书可以讲给小孩子听，也可以供小孩子读，因适应书店出版的便利，大致随季节分成了四卷，合起来是一部。

译毕，写了这几句冠之于每卷之首，算是总的介绍。

蒋衡

目录

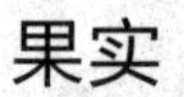

果实

木材

木匠

秋天的鸟

钟

秋天

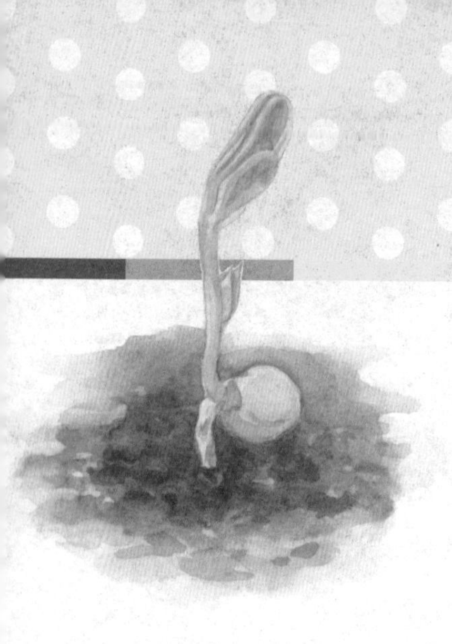

种子

风

鸽子

面包师父

果实

睡着的苹果

高高的树上，碧绿的叶子里，挂着一个小小的苹果，它正甜蜜地睡着，脸孔现着玫瑰红的颜色。一个小小的孩子来了，她立在苹果的枝儿下，仰着头向苹果叫道：“啊，苹果，到我这儿来吧！来吧，你怎么睡得这么久咧？”

可是，她唤了许久，苹果不醒来，它一动不动地睡在床上，脸孔微微地笑着。

太阳来了，它高高地在天上照着。“啊！太阳！可爱的太阳！”小孩子叫道，“替我把苹果唤醒好吗？”太阳道：“好

的，亲爱的宝宝。”于是，它用它的光射到苹果的脸上，温和地亲吻着它，但是苹果仍旧动也不动。

小鸟儿来了，它停在枝上，唱起悦耳的小歌，但这个也不能唤醒那睡着的苹果。风来了，它不亲吻那小苹果，也不唱什么小歌，它鼓起两颊吹吹，吹得那枝儿摇摆，苹果惊醒了，它从树上一跳，恰巧跳到那小孩子兜着的围裙里。她欢喜得很，于是说道：“谢谢你啊，风先生！”

等着看吧

一天，一棵生长在妈妈身旁的小柏树，向他母亲道："妈妈，我在世界上有些什么用处呢？邻家橡树伯伯，会垂下他的橡实给主人的猪猡吃；桦树伯伯，会把他的皮给主人刳（kū）做艇；枞树伯伯会流出树胶来，给主人补艇上的漏洞。还有其他的，他们都有他们的用处，但是我有些什么用呢？""等着看吧！"妈妈说。于是小小的树等着了。

过了没多久，一些美丽的花儿（把花或者绘有柏树花

的图画给小孩子看。）长在小柏树的头上了，小柏树欢喜地说道：“啊！我知道我有些什么用了，我是长来给主人看的呢！”

花谢了，小小的柏树便忧愁起来。“啊！妈妈！”他说道，“我那些好看的花儿都跑了，怎么好呢？”“等着看吧！”妈妈说。小树儿想，等着是多么心焦啊，可是妈妈的话是不会错的。

再过了些时候，一些小小的、碧绿的、长着许多刺的东西，在花长过的地方长出来了。小树儿欢喜得好像第一次看见花的时候一样。他耐心地等着，等着看看它们除了好看之外，还有些什么用处。

渐渐那些碧绿的、多刺的小东西转成棕色了，小柏儿又忧愁起来。“啊！亲爱的妈妈！”他说，“我那些小小的、碧绿的、多刺的东西都变成棕色了呢，我已经不好看咧！”“等

着看吧！”妈妈说。小树儿又等着了。

秋天来了，小柏树住着的地方，也冷起来了。经过一夜浓霜，第二天清早，小柏树看见他的棕色的、多刺的东西，都已落到地面上。“啊！妈妈！”他说，“我的小小的多刺的东西，也都落掉了，我真是没有什么用处了吧！”“乖乖，不要难过，等着看吧！”妈妈说。

这时候，主人的小孩子们来了，他们手上都提着一个篮子，他们是来拾果实的。一群小孩子渐渐走近小柏树了，“来看呀！”最大的一个小孩子叫道，“地上有这么多柏子呢。妈妈最喜欢吃柏子，让我们把这些都拾回去吧！”

孩子们装满了篮子，欢喜地跑了，小柏树的妈妈说道：“现在，我的孩子，你看你多么有用啊！”“真是呢，妈妈！”小柏树说。从此小柏树不再难过了，一直到他长成一棵大柏树——和妈妈一样大的大柏树。

木材

伐木人住的小房子

在美国有一处地方叫做缅因。在那儿，离城不远，有许多树林，到冬天，住在那儿附近的人便都住到树林里面去，将那些树木砍下来，预备送到锯木工场，去锯成木板。他们从冬天开始，一直要做到春天。

他们，几个几个地合住着一所小房子，这些小房子是方方的，只有一个房间。

有一个小孩子，名字叫做拉西，他们的家也住在这个地方。一天，他的舅舅来了，说要到一个伐木人住的小房子里去过一夜，他还带着他的儿子去，如果拉西喜欢，也可以跟着去玩玩。妈妈答应了，拉西自然是欢喜的，他便跟了舅舅、表兄弟一同去。

他们要走好几里路，不过地上结了冰，跑起来像滑冰一样，好玩得很，他们一点儿也不觉得疲倦了。到了小房子，已经是午后了，那些伐木的人十分喜欢小孩子，他们已经好久没看见小孩子了。

吃晚饭了，两个小孩子都爱吃那些热烘烘的饼煨猪肉、煮大豆和甜茶，那些东西都是一个伐木的人煮的。

晚饭后，他们便在木板钉成的架床上睡觉，床上垫了厚厚的干草，他们盖着棉被和绒毡。

房子的中央生了火，烟从屋顶上的小方洞透出去。孩子们都把两只脚向火的一面搁着，这样他们便很暖和了，他们很快就睡着了，早上也是最先就醒来。他们看着那个伐木的人弄早餐，吃完后，便去看人家做工。

那两个伐木人面对面站着，同时斫一株树，木屑四面飞开，两个砍口渐渐地碰在一起，树也渐渐地动起来了，突然地便倒了下来，伐木的人是知道树会倒向哪方的，他们自然会赶快跑开，躲避倒下的大树。

树不一定是倒在地上，有时，伐木的人恐怕树倒下的力量太大，会把树身震裂，故意使它倒在一棵小树上，这种事情也是有的。

树倒了，另外有一些人便来斫树枝，那两个便又动手，向第二棵树斫去了。

树枝才斫完，第二棵树又已经倒下了。他们跑过去斫树枝时，先前两个人便回来，将树干截成两段。这些一段段的树干，便叫做木材。

驾车的人来，把木材一根根地搬上车子，运到河里去，到春天冰融了，就可以在水面送到锯木工场。

你们知道用什么来驾车的吗？马？不是的，是用牛，因为缅因很冷，在那雪很厚的地面上，牛比马会跑。

他们并不像装配马一样把许多家伙装在牛身上，每两只牛当中只上一个轭架，那儿有一个环，一条链子便系在这上面。

拉西和他的表兄弟，玩到午后才回家去，他们是坐着雪橇回去的。拉西还带了一个饼，回去给妈妈吃呢！他说，他从没有吃过这么好吃的饼。

一个诚实的樵夫

在树林里，一条流得很急的小河旁边，住着一个诚实的樵夫。一天，他拿着锐利的斧头出去，在小河边上选了一棵橡树，便立刻斫伐起来。

每一下斫去，木屑四面乱飞，周围也丁丁地起着回声，像是不远也有人在伐树呢。

一下一下地斫去，那樵夫渐渐地疲乏了，他把斧头倚在树干上，转身坐了下来，不知怎么的一碰，斧头骨碌碌地滚下河去了，他捉也来不及，恰巧又碰着这是河最深的地方。

那可怜的樵夫，呆呆地望着那条小河，小河仍旧是和先前一样，快乐地流动着。他难过地大声喊道："啊！怎么好呢？我宝贝的斧头，我是只有这一柄斧头，现在可是失掉了，就是有钱再买一柄，也不会像这一柄似的称手了。"

住在这一条小河里的水神，把这些话都听见了，她升到水面上来，用一种甜美的、唱歌一样的声音向樵夫问道："你为什么这样忧愁啊？"樵夫便告诉她自

己的斧头如何掉到河里去了。

“不要紧。”那个美丽的水神用着同样可爱的声音说，“你的斧头已掉落在河底，那儿是凡人的眼看不见、手够不到的，但是仙人的眼是看得见，仙人的手也够得着，你等着吧，让我找去！”

她沉下，真是一瞬间。再升起，便带着一把斧头，银光灿烂，耀着樵夫的双眼。水神笑得像一朵玫瑰花，她问道：“这斧头是你的吗？”樵夫摇着头：“啊！不是，不是。”“好的，让它放在这儿吧，我再找寻一下。”水神笑着又沉下了。她出现在水面，金色的光闪闪，“这是你失掉的斧头吧？”她问。樵夫再摇头：“啊，啊！不是，不是，这哪里是我的旧斧头呢？”他叹一口气，“这是贵重的东西，不看见它正在发光吗？不是我的，啊！绝不是我的。”“那么，”水神说，“这金斧头也放在这儿吧，我给你再找找看。”她说完，没下水里，蓝蓝的水又把她遮盖了。樵夫看着那两柄斧头，在草里闪着光。

“啊！那是多么好看的东西，”他说，“比我那柄斧头，真不知要贵上多少咧？不过，要来斫树，还是我自己的好吧？而且我也不希望有这些东西，我为什么要说谎话呢！”

这时候，水神拨开了波浪，高高地举着一柄斧头出来了。樵夫大喜着奔上前去：“对咧对咧，这才是我的，这才是我的旧斧头咧！”

水神把斧头交给了他，说道：“看，这不过是一柄铁的，你不喜欢那些金和银的吗？”“喜欢的。”樵夫说，“可是那银斧头并不是我的，金斧头也不是我的。不是我的东西，我不要。”

“你真是一位正直、诚实的樵夫，是的，诚实是比金子和银子都宝贵的。好了，再会吧！现在，我把这金斧头和银斧头送给你，你收下吧。”说完，她摇了摇雪白的手，不见了。樵夫又惊又喜，他望望那条小河，小河仍旧和先前一样快乐地流动着。

木匠

华哥儿和他的小运货车

一个早晨，华哥儿刚醒过来，他一睁开眼睛，便看见有一部红色的车子在身边，那小车有四个轮子，还有一条可以拖着跑的长柄。他欢喜得很，就想拖着玩玩。吃完早饭，他便急急地拖着小车子玩去了。他拖着在路边跑来跑去，很有趣地听那些车轮骨碌碌地在砖上发响。转弯的时候，看那前面的轮子，在车身底下慢慢转动，真像一辆大车子呢！

远远的，华哥儿的姑母走近了，他快乐得连忙赶上前去，告诉姑母，他有了一部新的小车子。

“看这轮子呢！姑母，多么亮晶晶的啊！还有，前面的轮子转动，后面的搭板便会跳出来了！”

“果然很好。”姑母赞美着华哥儿的小车子，这时候，她看见了车身上的金字，便问道：“你的小车子叫做‘星星’吗？”

“对啊，星星运货车。”华哥儿说。

“那么，给我把这书运到你妈妈那儿去吧，我的手酸得很了。”姑母说着，把书递给了华哥儿，华哥儿接来放在车上，骨碌碌地拖着一直跑到了妈妈那里。

过了一刻，华哥儿扮着一个送牛奶的人，他拖着车子，在每家门口停一停，好像送牛奶的样子。这样直拖到转弯角上，华哥儿把车头掉转来，正预备拖回走，可是小车子不动了。他回头一看，伤心得快要哭出来，一个轮盘掉下来咧！他想，他是预备要玩一整天的，现在车子坏了，那可怎么办呢？

“爸爸恐怕会修吧。”华哥儿想，“不过爸爸忙得很，而且要到夜里才回来，三四天内，一定也不会给我修的。”可怜的华哥儿，他越想越难过。忽然，一个很和气的声音在他耳旁说道：“孩子，让我来给你把那轮盘装上去。”

华哥儿抬头一看，看见一个人立在他身旁，面孔也像他的声音一样和气，正把搁在肩上的木箱子拿下来。华哥儿有点吃惊，但又希望他真的能把轮盘装上，他迟疑着，递给他那只掉

落的小轮盘。

只要一点点时间，轮盘便已装上小车子，仍旧和先前一样，骨碌碌地可以转动了。

“看，”木匠说，“现在装得很牢，再也不会掉下来了。”

“啊！谢谢你，谢谢你。”华哥儿说，“这是部新车子呢，我是多么爱玩咧，真是谢谢你啊！”

“再会了，小朋友。”木匠说着，把木箱举起放上肩头。

“啊！”华哥儿说，“我给你拿这箱子好吗？这一部是

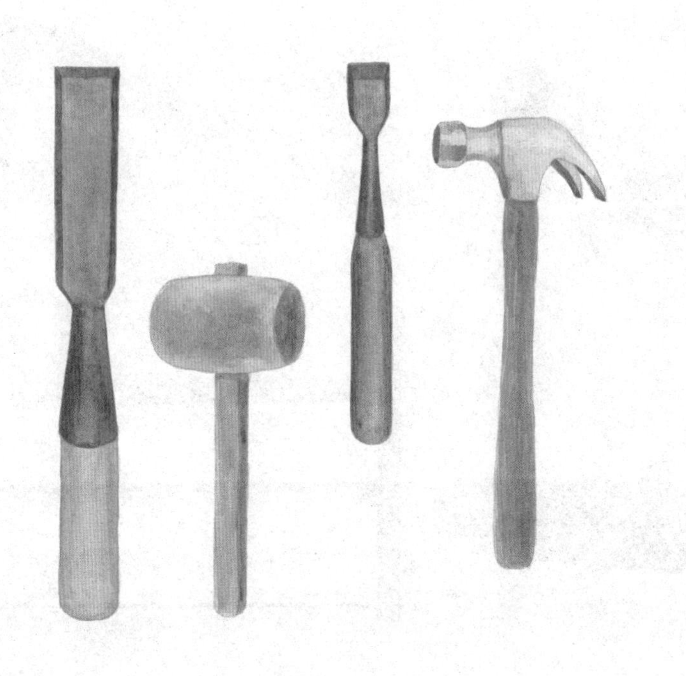

‘星星运货车’，可以替人家运东西的。”

“很好。”木匠说，“可是你这部运货车能走多少路呀？”

“可以走到那个转弯角。”华哥儿说。

木匠便把木箱放到小车子上，华哥儿拖着，骨碌碌地跑下街去。自此以后，每当华哥儿在街上玩耍时，远远地看见那个木匠，便一定跑过去见他，如果木匠拿着木箱，或一袋钉子，华哥儿便用他的小车子给他装着，直运到转弯角的地方。

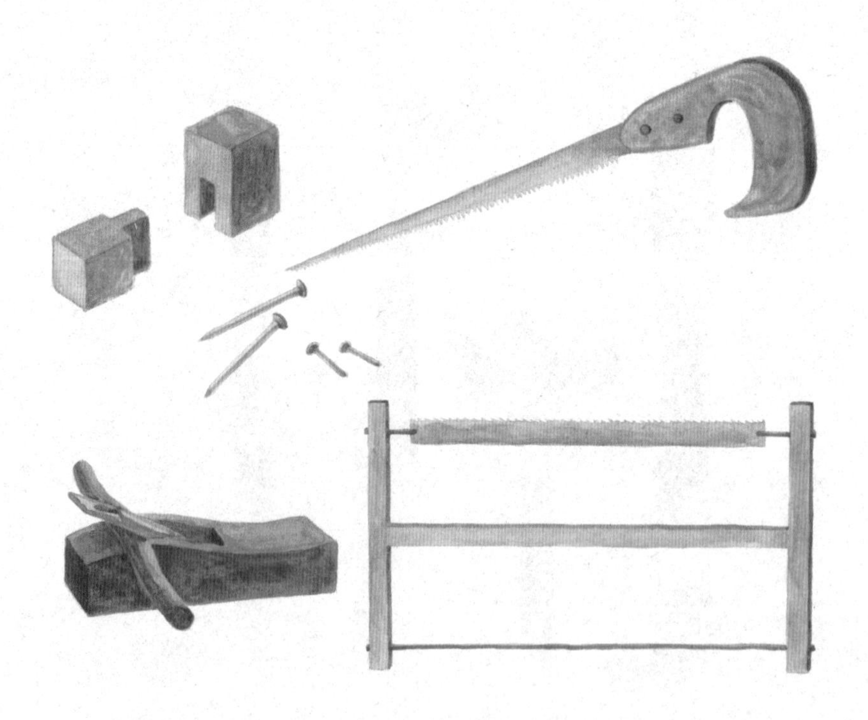

房子是怎样来的？

这是树林里的树。

这是一柄大斧，斫下了，

斫下了树林里的树。

这是个樵夫，人人都知晓，

他用这大斧，斫下了，

斫下了树林里的树。

这是木材，在河上浮着漂，

运去的是樵夫，人人都知晓，

他用了这大斧，斫下了，

斫下了树林里的树。

这是轮子，河流运动得他呼呼转，

河流，他流得很远，

载了木材远远漂。

运木材的是樵夫，人人都知晓，

他用大斧斫下了，

斫下了树林里的树。

这是锯木的锯，轮子转得他营营响，

轮子给河流运动得呼呼转，

河流，他流得很远，

载了木材远远漂。

运木材的是樵夫，人人都知晓，

他用大斧斫下了，

斫下了树林里的树。

这是木板，直又长，

一块块地给锯锯下了，

锯木的锯子在营营响，

转锯的轮子在呼呼转，

运动轮子的河流，他流得很远，

载了木材远远漂。

运木材的是樵夫，人人都知晓，

他用大斧斫下了，

斫下了树林里的树。

这是木匠，精明又强壮，

他刨得木板直又长，

锯木板的锯是营营响，

转锯的轮子是呼呼转，

运动轮子的河流，流得很远，

他载了木材远远漂。

运木材的是樵夫，人人都知晓，

他用大斧斫下了，

斫下了树林里的树。

这是房子，有梁有栋，有屋顶，

有门也有窗，

造屋子的是木匠，精明又强壮，

他刨得木板直又长，

锯木板的锯是营营响，

转锯的轮子是呼呼转，

运动轮子的河流，流得很远，

他载了木材远远漂。

运木材的是樵夫，人人都知晓，

他用大斧斫下了，

斫下了树林里的树。

这是一个快乐的家，

有许多小孩子，有爸爸也有妈妈，

他们住的房子是，有梁有栋，有屋顶，

有门也有窗。

造房子的木匠是精明又强壮，

他刨得木板直又长，

锯木板的锯是营营响，

转锯的轮子是呼呼转，

运动轮子的河流，流得很远，

他载了木材远远漂。

运木材的是樵夫，人人都知晓，

他用大斧斫下了，

斫下了树林里的树。

秋天的鸟

小鸟们怎样能飞过大海

有六只小鸟儿，他们都是很肥的，毛茸茸的，而且大家都很友爱，他们并排坐在地中海的岸边上。

他们中的一只，向其余的说道：“肥的、毛茸茸的朋友们啊！我们飞过阿非利加去吧。听说在那个地方，虫儿不但滋味好，而且只要你张开嘴儿，他们便会爬到你的嘴里来了。”

“好啊！肥的、毛茸茸的朋友，我们就飞到阿非利加去吧。”五只小鸟儿说，“但是我们怎么能飞得这么远呢？我们是这么小，翼儿又短，不是会掉到海里去吗？”

“真是呢。”第一只说，“我们等着吧，等着有什么人来，叫他带我们一起去吧。”

于是，他们并排地坐在沙滩上等着。一尾大大的鱼游近来了。

“喂，大鱼，带我们到阿非利加

去好吗？”六只小鸟儿问道。“我？我会领你们到海底去。”大鱼答，“看着，就是这样。”他一合，合上他的鳍，箭一样快地，钻到水底去了。

“咿哟！”小鸟们说，“还好，我们不曾跟着他去呢，再等等看吧！”

一只羊行近来了，他是很和气的，小鸟们便问他，可不可以带同他们一道到阿非利加去。“我是不会领你们去的。”羊说，“我不会游水，也不会飞，你们等着吧，等着那些鹤来吧！”

“鹤是什么样子的咧？”鸟儿问。

“那是一种大鸟。”羊说，“有很长的嘴，头颈更长，脚是特别长了。每一年，他们都从北方飞向阿非利加，常常带着像你们一样的小鸟。怎么你们会没有看见过的呢？”

“我们很小，”肥的、毛茸茸的小朋友们说，“我们知道的事情也不多。谢谢你，把这许多的事情告诉了我们，我们将要在这里，等那些大鹤来。”

他们等了没有多少时候，忽然听见头上有一种很大的声音，举头一看，看见一群大鸟，伸长着头颈，张开着翼，在沙滩上面，很低地飞着。

第一只鹤飞近来时，六只小鸟一齐鼓起翼问道：“带着我们一起到阿非利加去好吗？”

“我已经装满了，快些到后面去吧，第四只背上还有些地方。”第一只鹤回答着，飞过去了。六只小鸟儿看见他的背上，载满了许许多多的小小鸟，都紧紧地缩拢身体，用嘴和爪攀牢着。

第二只、第三只飞过去了，背上都装满了小小鸟。接着第四只飞过来了，一跳，再一跳，翼一拍，攀了上去，六只肥的、毛茸茸的小朋友都坐在他的背上，像他们大小的小鸟，已经有十多只，先坐在那儿。

“坐稳没有？”大鹤问，“攀紧！”他向着大海那边飞过去了。

许许多多小鸟儿，都飞到这海滩边来，鹤们便一只只地都驮上了。

“都坐稳！都坐稳！”大鹤叫着。“啁啾！啁啾！啁啾！”鸟儿们应着。于是这一大群大鸟小鸟一直飞，飞，飞过了海，直飞到了阿非利加。

大鹤每年带着小鸟儿们飞过了地中海，这都是真的事情，不过阿非利加的虫儿自己会爬到鸟儿们的嘴里去，这是不是真的呢？那就不知道了。可是，我不看见的话，我是不会相信的。

小鸟和小丽的谈话

“告诉我，”小丽说，

她是个美丽仁爱的女孩子，

“你小小的鸟儿们，

你们向什么地方找吃的呢？”

小鸟儿轻轻地唱道：“我们吗？

我们有着许多好吃的东西，

那个慈爱的泥土，他爱惜着，

爱惜着每一株小枝。

小枝是不肯让鸟儿吃的，

因为鸟儿将来要吃果子。”

小鸟儿这样唱给小丽听，

小丽还是关心地问道：

“小鸟儿啊，你们飞得倦了时，

到什么地方休息去呢？”

“每一个丛林每一棵树，

我们都可以停歇，

我们自由地拣选好的丫枝，

建造自己的房子。

树叶子低低地盖着，

我们便平安地睡觉，

再没有什么好的床铺，

会比鸟儿们的适意。”

小丽又问道：“可是，

可是你们渴的时候，

又怎么办呢？”

鸟儿快活地啁啾着：“小河里有水，

清早的叶子上有露珠，

花儿上的雨点是多么香啊！

还有泉儿，路边的小水池，

是这么的新鲜，凉爽，清洁。”

可爱的小丽又说了：

“寒冷的冬天，

什么都冰结了的时候，

啊！你们不是要挨饿了吗？”

鸟儿再啁啾地答道：

“啊！仁爱的小姑娘，

我们会飞到有太阳的南方，

那儿是快乐得好像夏天模样。

还有那些不飞去的呢，

到冬天来了时，

是会有和你一样可爱的小孩子，

撒着谷粒和麦屑的啊！”

鸟儿的世界

最初，我住在一所小房子里，

十分安逸，十分欢喜，

我想：世界是小和圆的，

是用蓝白色的壳儿做成的。

后来，我住在一个小窝里，

什么都很满足，什么都很得意，

我想：世界是用稻草做成的，

是在我母亲的双翼下的。

一天，我试着翼飞，飞出了窝里，

看看外面有些什么东西。

原来我还不曾知道，

世界是用叶子做成的哩！

我再飞出树林，

啊！那广大的天地正好高飞。

世界是用什么做成的呢?

我是连这许多邻舍都不认识了!

钟

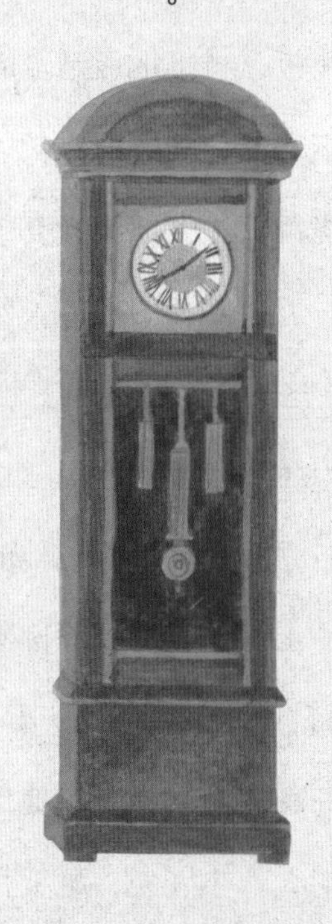

大钟告诉小莉的故事

大厅里，火炉边的地毯上，小莉坐着在想心思。那是一间很古老的大厅哩，恐怕已经有一百多年了，小莉出生在那里。她祖母和妈妈离开了她们的家乡，渡过大海，来到这一所房子里时，妈妈还是一个小小的孩子。小莉很喜欢这个大厅，大厅里有发亮的地板，一半地板是盖着软软的绒毯，墙头也是光光的，墙脚下有一个红色的火炉，冬天里，常是毕毕剥剥地烧着木柴，烧得一边大厅都光亮了。那些木柴在说着夏天里的森林故事。近着楼梯的地方，竖着一挂大钟，就是为了那大钟，小莉在这晚上，只是坐着想心思。

那是一座很大很大的钟，高高的，比小莉的爸爸还高咧，透过那扇大玻璃门，小莉可以看见他的钟摆，现在已经不会动的了。在钟摆的上面，有一副圆圆的和气的脸，那副脸，小莉每次看他，每次都是不同的。小莉乖乖的时候呢，他便对着小莉笑；小莉顽皮的时候呢，他便很难过地看着小莉了！还有，他会同情人，小莉说，她哭得眼睛里都是眼泪时，她看见那钟面也一滴一滴地，滴着眼泪。

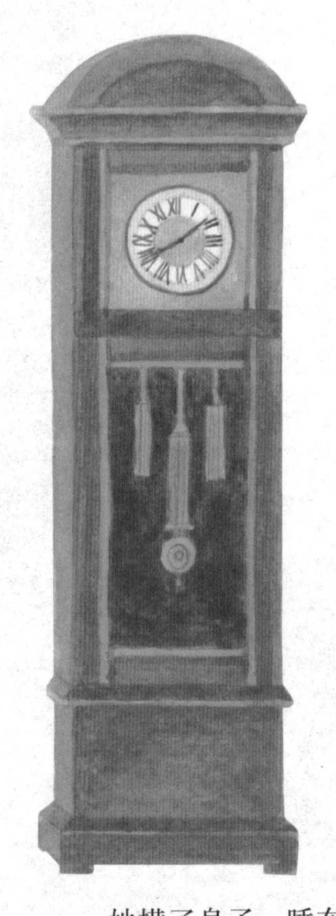

这座大钟最奇怪的地方，便是他会发响。聪明的小孩子一定要说，钟响有什么奇怪呢！自然啰，不过我现在所说的这座大钟是已经不会动的了，那么，还不奇怪吗？

他是在人家料不到的时候响的，他曾经响过十七八下这么多。小莉常常想不出，这钟到底是怎么的。可是也没有人把这许多不懂的事情告诉给小莉听。这一晚上，她是更想不出了，因为在早上，天才亮，小莉便听见了那座钟响了五下，大钟怎样会知道，今天是小莉的五岁生日呢？

她横了身子，睡在那地毯上，只是想，想这事情，渐渐地要睡着了。木柴的毕毕剥剥声，好像在很远的地方响，住在火炉背后洞里的小蟋蟀，也好像越叫越轻了。

忽然有一种很低的声音叫道：“小莉，小莉！”

小莉一跳，跳起身，吓得那只小蟋蟀险些儿掉到火里。

声音从什么地方来的呢？小莉从大厅这一角望到那一角，也看不见有什么，她看到大钟的面上，很奇怪，大钟又换了一副面孔了，那面孔好像告诉小莉说话的便是他。果然，她一望着大钟，大钟便又说起来了。

“你要听故事吗，小莉？”他问道。

小莉最喜欢听故事的。她立刻忘记了大钟会说话是奇怪的事，很快地便答道：“要听的，大钟，你会说故事吗？”

“怎么不会。”大钟说，“我且把我自己的故事说给你听。”

小莉想，钟要把他的奇怪事情说出来了，她连忙坐得更直些，预备听故事，蟋蟀也把帽子整一整，两只手在胸前交叉着，静静地坐下，火炉里发着暖烘烘的光，大钟说话了。

“小莉，我先告诉你，从前地面上是没有钟的。”

“什么！那么……”蟋蟀想说又停止了，自然啰，那是很难相信的事。

“没有钟！”小莉叫着，“为什么？那么小孩子怎么会知道什么时候上学，什么时候吃饭，和——和——许多东西呢？”

“他们有别种法子测度时刻的。”大钟说，“第一样他们用来测度时刻的，是一根棒——一根笔直的棒。”

“一根棒！”小莉很奇怪地喊了起来。

“一根笔直的棒！真是笑话，一根棒也测度起时间来了，哼！”蟋蟀嗤着鼻子。

“我以为，打扰人家说话是最无礼的。”大钟说。

“是的，是的。”小莉说，“蟋蟀，我们以后不要再插嘴了。”

“但是，怎么一根棒……”蟋蟀摇摇他的头，他仍旧不服气。

“不相信呢，”大钟说，“你们可以亲自试试看。明天早上跑到门外，在太阳光下竖一根棒，你们便会看见棒的影子，要比那棒长过许多，躲在一旁，好像怕见太阳的样子，越过，那影子便越短，到正午，好像都给那根棒吃下去了，太阳转向了西方，影了便又从东面溜了出来，越过越长，直到太阳没有了，棒和黑影都没在黑暗里，看不见了为止。”

“现在，你们知道怎样用一根棒和它的影子来测度时刻了吗？因了这个，有些人便做出所谓日晷。”

“日晷。”蟋蟀又说话了，“日晷是怎么的一样东西？”

“那是和一张囫囵的台子相仿，当中竖着一块金属片，台面上刻划着时刻，看那金属片的影子移动到什么地方，便是什么时候了。”

“他们就只有这一种钟吗？”小莉问。

“在那个时候，如果你的小猫活着，他们也可以用来做一个时计。”大钟说。

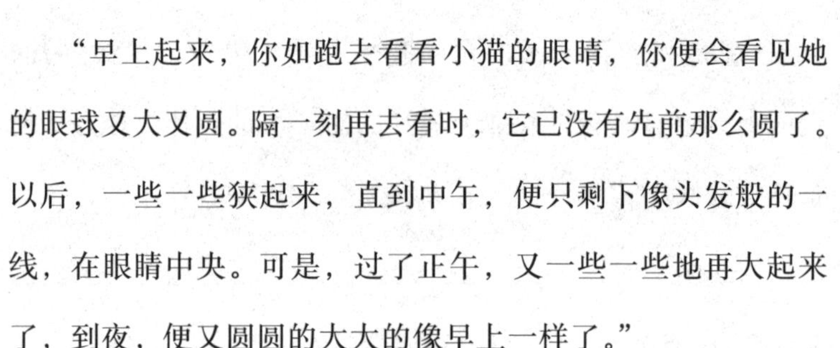

蟋蟀想，这是什么故事，小莉也惊得呆了，但是大钟仍旧继续说下去。

“早上起来，你如跑去看看小猫的眼睛，你便会看见她的眼球又大又圆。隔一刻再去看时，它已没有先前那么圆了。以后，一些一些狭起来，直到中午，便只剩下像头发般的一线，在眼睛中央。可是，过了正午，又一些一些地再大起来了，到夜，便又圆圆的大大的像早上一样了。”

“这样计算时刻，那是多么麻烦啊！”小莉说。

“是啰，他们也这样想呢！”大钟说，“所以便日夜地思想，思量造出一个更好的方法来。大约在五百年前吧，有人发明了一个钟——那可并不像我这么大，这么美丽，没有钟摆，也不会响的。”

“啊，可怜得很！”小莉叹息着。

“不会响的钟，只有比会响的更好咧！”蟋蟀怀恨地说。

“但在那时候这样的钟已是很奇妙的东西了。”大钟再说下去，“他们大概很满意了，因为差不多有好儿百年，他们都没有装上一个钟摆。”

“那么，你有多老呢？”小莉问。

“我么，我是很老了。自从我的手开始会动，直到而今，已经一百多年了。啊！那时，我的钟匠真是得意呢，每一个细小的轮子都是这么精美，完善。我的外貌，你看，又是这么好看。当我完工的那一天，那个钟匠考察了我全身，他看见没有一点儿毛病，他是多么欢喜啊！他拿一柄大钥匙，开足了我的发条，拨动我的摆子，从这一天起，我便‘嘀嗒嘀嗒’的，开始我的工作了。没有多少时，一位老太太买了我，她把我带过了蓝色的大海，来到这所大厅，我便一直站在这儿。现在，我是老了，没有用了，但在那时我是很有用的，无论哪一个人，他没有我便不能做事。这儿有过许许多多的小孩子，在楼上跑上跑下，有时，也像你似的，睡在火炉边的地毯上。我是爱他们的，我时时都向他们表示着，我们只有双手不停地做事，做着正当的事，才能得到快乐，和得到他人的爱。他们总以为我不过在说‘嘀嗒嘀嗒’，实在我是极明白地在说‘要做得对，要做得对’呢！”

“啊，你这可爱的大钟！”小莉很感动地说，蟋蟀掉过头去，揩掉一滴眼泪。

“在我停止说话之前，”大钟说，“我还要说及一样东西，那便是除了你们自己以外，人家都知道的……”大钟望了望蟋蟀，蟋蟀好像要钻到地板里面去了。

“你们知道，在许久之前，我的手也曾偷懒不肯动过，那真是我最难过的一天，直到现在，想起了，我还是难过。那时，我只有响着来安慰自己。”

“啊！你这可爱的大钟。”小莉说，“你要响的时候，你便响吧。如果蟋蟀敢——”

“小莉，小莉！”小莉的哥哥阿亨在喊。

小莉坐起来擦了擦眼睛问道：“做什么？”

“啊呵！怎么今天生日，也会在火炉边睡着的？”

“睡？哪里，我眼睛也不曾闭过咧！那座钟说了许多话，还有那蟋蟀，还有——”

“是呢，我相信你，我敲那铲子，敲那大棒和火钳，你都不曾张一张眼睛咧！”

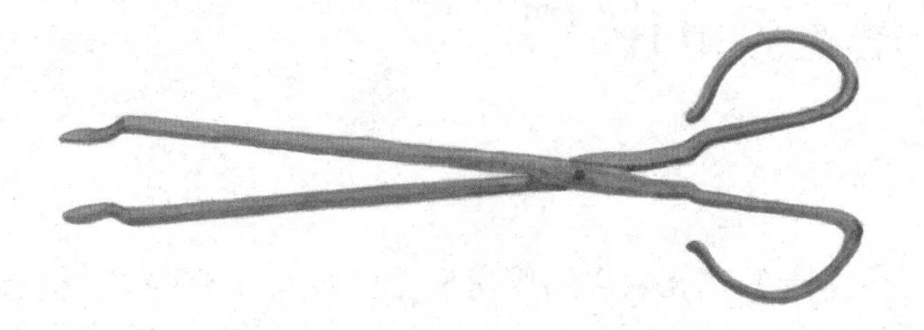

小莉抬头看看大钟，大钟是半句话也不说了。他的圆圆的和气脸，还是和从前一般的对着小莉微笑，但小莉觉得那副和气脸是在向她说："不要吵，乖乖，男孩子大都常常只是嘴里聪明的，不要理会他好了。记着我方才告诉你的话，每天都要好好的，从别人那里学习着东西。你应当欢喜，你是有钟给你报告时刻，勉励你，教你要不停地动着两手做事情，并且'做得要对，做得要对'。"

"小莉，小莉！干什么咧，你看着那大钟？哈，看你还没有睡醒呢！"

小莉擦了擦她的眼睛，看看她的哥哥，再看看那大钟，这时候，大钟已经一点儿声音也没有了。

她快乐着不和哥哥吵嘴了，她也没有把这故事说出来，但是，小莉长大了，她便将大钟告诉小莉的故事，告诉给小孩子们听。

不愿意动的钟摆

一个老钟挂在农夫的厨房里，已经有五十年了，他从不曾诉说过什么辛苦。在一个夏天的早上，农夫一家还没有起床，这只钟忽然停着不走了。那个钟面立时吓得失了色，两枚针呆着不能动，机轮也惊得木了，他们都不知道为什么会弄得这样？后来那钟面开始说话了：“到底是哪个不肯做工呢？”可是他们都齐声说，他们并没有做错什么。

这时候，那钟摆发出一种很细微的声音，他说道：“我承认，是为了我，所以大家不能动了，但，我是有意这样的，因为我已不愿意尽我的职务。”

那老钟听见了这话，愤怒得很，因为那是正要响钟的时候。

“你这懒惰的东西！”钟面捏紧了两手说。

“很好。”钟摆答道，“这倒容易呢，钟面，你是人人都知道的，高高地坐在我的上面，自然啰，你是多么容易，骂

人做懒东西是多么容易啊！你，你一天不做什么，只不过把面孔给人家看，和自己舒服地看着那厨房里过往的东西。想想看，像我似的，一天到晚，关在一个暗房子里，左左右右地摆着，这种生活，你情愿吗？”

“原来是这样。”钟面说，“难道在你的房子里，没有可以望到外面去的窗吗？”

“窗是有的。”钟摆说，“但我敢停一停吗？敢停一停来望望前面吗？这儿是多么暗！总之，我是不愿意尽这种职务了。今天早晨，我算了一算，就只是昨天一天，二十四点钟里，我走了多少次数，坐在我上面的朋友！你们算一算吧，一共有多少次数。”

指秒针立刻屈着手指计算起来：“八万六千四百次。”

“对咧！”钟摆说，“朋友们，你们想，假如我再用一天、一月、一年乘下去！这哪个能不厌倦呢？所以我是不愿意尽我的职

务了。我想了一次又一次，我终于决定，我只有不动。”

钟面听了这一席话，立刻答道：“钟摆先生。为什么像你这么一个有用的人，也会为这一点点事情而生气呢？是的，在你的时间内，你是做了不少的工作，所以我们大家，也就能很快乐地做着工。这个，想起来确实是很厌烦的，问题是做起来是否也是厌烦的呢？你试摆六次看看！”

钟摆照着平常的样子，摆了六次。“现在，”钟面说下去，“你觉着厌烦吗？”

“几次自然不会厌烦，不要说六次，就是六百次也不会，我所说的是那几万次啊！”

“这样吗？”钟面说，“你所想的‘万’，也不过是这么几次、几十次积拢来的啊，你不停地摆着，还不是只这么一下一下地在摆着吗？”

“我希望，”钟面再续下去说，“我们大家，还是好好的，各自尽着自己的职务吧，我们这样的停着不动，他们将不知道什么时候该起床了。”

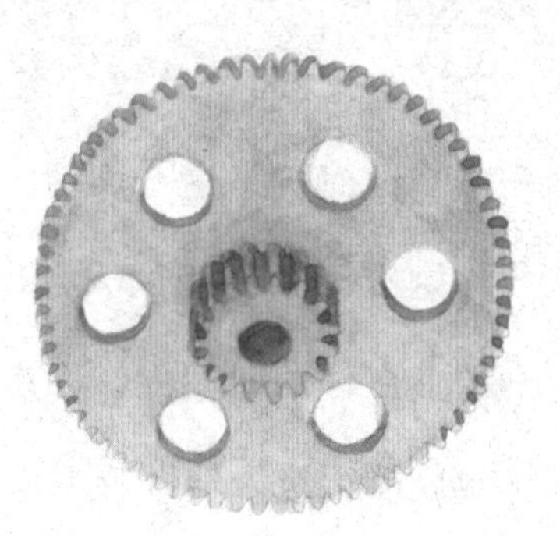

于是那小小的轮子竭力促着钟摆动。一刹那，机轮转了，钟摆也摆了；这时候，一线太阳光直射到钟面上，他反映出金黄的光，似乎什么事都没有发生过。

这一早上，农夫到厨房里吃早饭来，他望望那面老钟，很奇怪地自己说道：“怎么一夜里，我的小表竟快了半个钟点呢？”

秋天

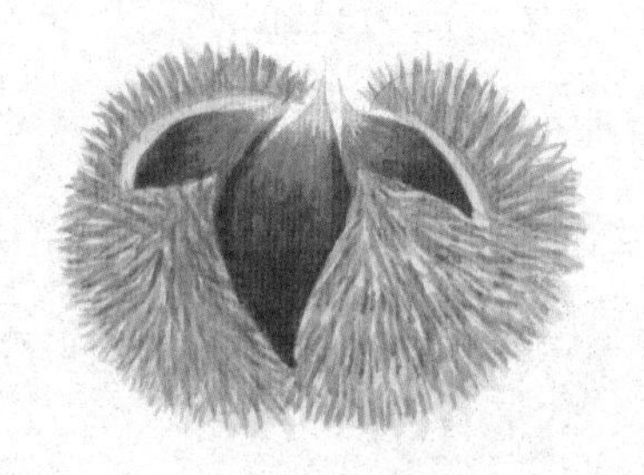

芽儿的冬天衣服

炎热的夏天已经过去，秋天带着凉凉的风来了。一天，胡桃树对他的叶子说道：“啊！我美丽的黄叶子们，你们不用当心着那小小的芽儿了，芽儿也该穿上冬天的衣服过冬咧，你们还是到地面上去，去保护那些小小的花籽吧。”

“好的。”黄叶子说，“我们很愿意去保护那些小小的花籽，让他们将来长大了，成为美丽的花。”黄叶子都落到地面上去了，遮盖着那小小的花籽。

胡桃树便又说道：“小小的芽儿啊！你们快穿上冬天的衣服，暖暖地过冬，到春天好长成美丽的绿叶子啊！”“我们

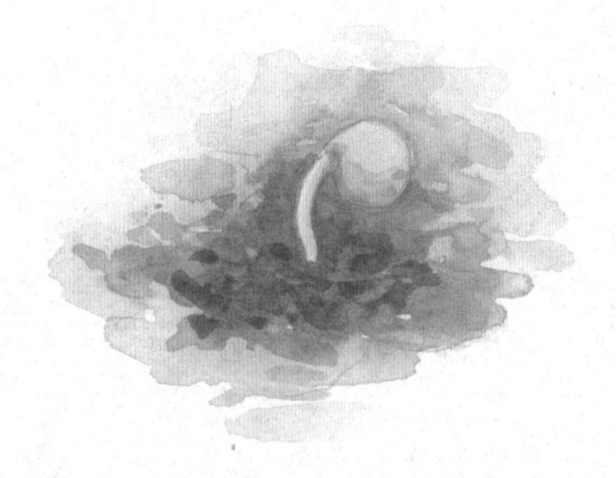

都预备好了。”芽儿齐声说。于是胡桃树便分给他们厚厚的大衣，芽儿穿在外面的一件大衣是有胶的，那是预防大雨把他们淋湿。芽儿也穿雨衣，那是多么有趣的事情，但如果你们用功读书，学会了怎样去看东西的时候，有趣的事情还要多呢！

小小的芽儿都穿上冬天的衣服了，胡桃树再对那些长在枝端的芽儿说道：“尖端上的芽儿们啊，大风最先吹着你们，雪花也最先落在你们头上，你们更要穿得暖和些的啊！”于是，小小的尖端上的芽儿，便又再穿上些衣服。几时你们去看看胡桃树上的芽儿吧，那尖端上的比在底下的至少要大一倍，外面的一件雨衣也要大上许多。

我曾看见过一粒长在枝端的小芽，他穿了十二件衣服。

芽儿们都穿整齐了，便齐声喊道：“谢谢你啊，大树！我们可以暖暖和和的，直到春天了。”

慈爱的老橡树

冬天快要来了，小鸟儿怕冷，都飞去了。田野里已没有青青的草，花园里已没有好看的花。许多许多树的叶子都掉落了，一棵大橡树的脚下，几朵可爱的小紫罗兰花，还在开着。“亲爱的老橡树！”花儿们说，“冬天就要来了，我们不会被冻死吗？”

“不要紧的，我的小小花！”老橡树说，“相信我，闭着你们的黄眼睛睡觉吧，我是不会让寒冷的冬天，侵到你们身上来的。”

于是，紫罗兰花都闭起了他们美丽的小眼睛，睡觉去了，老橡树便一张红叶子、再一张红叶子地落下盖着他们。

寒冷的冬天，带着雪花和冰块来了，可是冷不着小小的花儿，他们躲在老橡树的叶子底下，做着快乐的梦。直到暖和的春雨来了，才使他们苏醒。

三个小孩子

在一所青色的小房子里，暖暖的床上睡着三个小小的孩子。

那房子，不像我们所住着的，它只有一间没有窗的小房间，门是紧紧地锁着，谁也不能进出。

光光的太阳晒着，小小的孩子们便在里面睡觉，他们同时也一点点地长大起来。

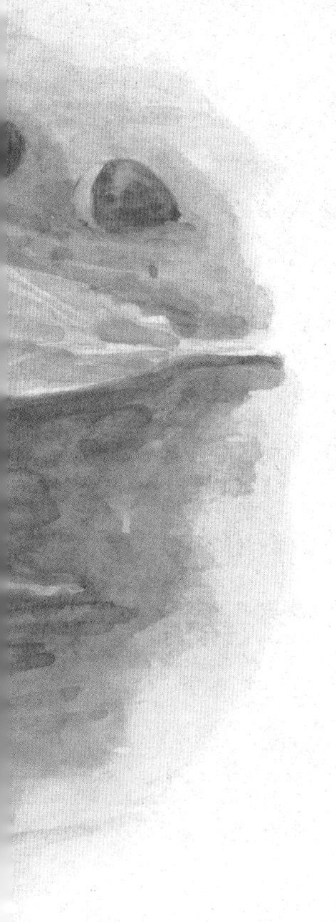

渐渐冷的日子来了，叶儿们都穿上了红的黄的衣服，自树上飞下来，在风中跳舞。

风已把孩子们的房子涂上了棕色，呼呼地叫着，小小的孩子们也给他叫醒了。

霜也跟着风来了，他轻轻地叩着小孩子家的门，喊道："小小的孩子们，出来吧，出来和我们一起玩吧！"

但是树妈妈立刻答道："不，孩子还要睡些时呢。"

于是，霜跑去和红叶子、黄叶子一起玩了，可是一会儿他又飞回来，喊道："来呀，孩子们，出来一起玩玩呀！"但是树妈妈立刻又答道："不，我的孩子还要睡些时呢！"

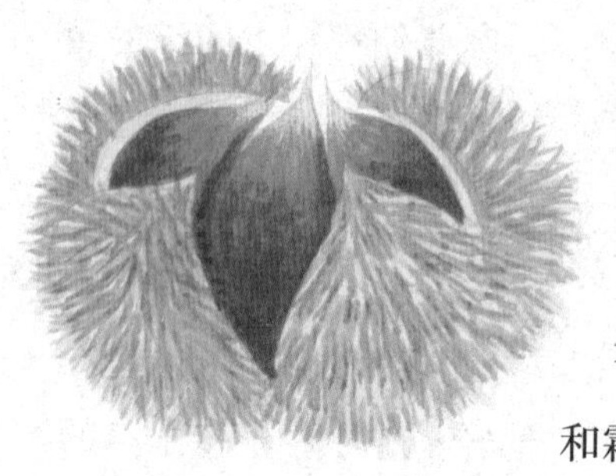

隔了一刻，霜又来了，他重重地敲着门道：“出来，出来！”小兄弟们听了，在里面齐声喊道：“妈妈，让我们出去和霜兄弟、风哥哥玩些时吧。”

妈妈有点儿难过地笑着道：“好的，去吧，你们已经长成大孩子了。”她开了那扇门，放出了三个小孩子。

可是他们立刻觉得那大大的世界，是没有他们的小房子温暖、柔软。风是吹得他们打战，霜也不过是一个粗暴的孩子，他们便喊着妈妈道：“妈妈啊，我们倦了，给我们再睡吧！”于是妈妈落下一重厚厚叶子，盖在他们身上。

雪花飘飘地下了，又给他们盖上一重雪白的软软的棉被。他们甜蜜地一直睡过了冬天。

你们知道这三个小孩子是谁吗？他们是栗子，那棕色的有芒刺的外壳，便是他们的小房子。

秋天的歌

唱歌的鸟儿都飞了，

飞到南方去了，

我们再也听不到他们的小歌儿了。

花园里是冷清清了，

只剩下小菊儿，

孤零零地在开花。

虫儿都躲在洞里了，

羊羔儿也冷了，

慈爱的农夫，给他盖着棚架。

十月来了，

树林里的红色金色都没有了，

静悄悄的，是多么难过啊！

呼呼的风响了，

熟的果儿落了，

松鼠忙着搬运果子。

熊儿们都跑回家了，

暖暖地安睡在床上了，

直睡到寒冷的冬天过尽。

霜儿下了，

盖着小河面了，

天上满堆了灰色的云，

预备下雪了——

可爱的秋天是也要去了，

我们对她说道：“秋姑娘，明年再会！”

种子

五粒豌豆

从前有五粒豌豆，他们同住在一个豆荚里。他们是绿色的，豆荚也是绿色的，因此，他们想，世界一定也是绿色的。豆荚大起来了，豆儿也大起来了，他们五个一排地坐在豆荚里面。太阳晒得豆荚暖暖的，雨点洗得豆荚碧青的，豆儿坐在里面，一天比一天大了，他们想到这样，也想到那样。

“我们难道永远要这样坐着吗？”一粒豆儿说，“这样坐着，不会厌烦吗？我想，外面一定还有些什么东西的。”

一星期一星期地过去了，豆儿黄了，豆荚也黄了。

“世界变成黄色了。”他们说。

忽然，他们觉着房子一动，被摘下来了，立刻和许多豆荚儿一起，被放在一只袋里。

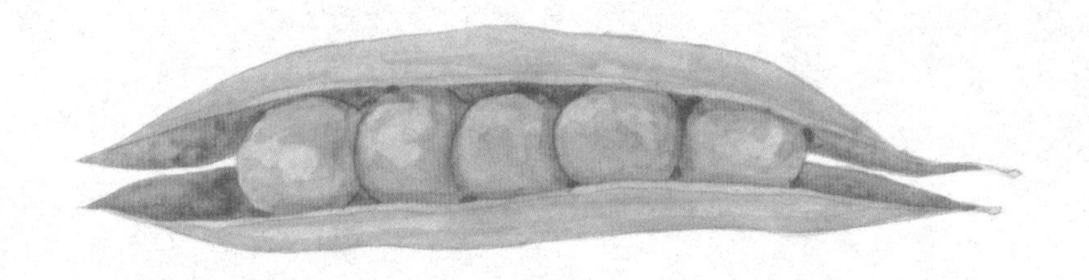

“现在我们就可以出去了。”一粒豆儿说——他们整天都希望可以跑到荚儿外面。

“我很想知道在将来，我们哪个旅行得最远。”最小的一粒豆儿说，“但也立刻可以看见了。”

“谁知道将来会怎样咧！”最大的一粒豆儿说。

“啪！”豆荚儿裂开了，五粒小豆连忙跳出来，跳到光光的太阳底下，他们是落在一个人的手里，一个小孩子捏住了他们，说他的豆枪有五粒子弹了。立刻，他在枪里塞了一粒，放出去。

“现在，我要飞向那广大的世界里去了。”那粒豆儿说，“你们有本事追上来啊！”一刹那，他已不知飞到哪里了。

“我，”第二粒说，“我要飞到太阳那里去，太阳也是一个荚，那荚是人人都看得见的，住在里面是多么适意啊！”呼，他也飞出去了。

“无论到什么地方我们都要睡觉。”其他两粒说，“我们还要向前直跑。”他们一跳跳到地下，骨碌碌便向前滚去，但他们终被放进了豆枪，“我们要跑得比他们更远些。”他们说。

“谁知道将来会怎样咧！”最后的一粒也被弹出去了，他

说着，一直飞到一间小屋子的窗门上，弹回来，恰巧跌在一个小洞里，那儿，铺着软软的泥上，长满了碧嫩的青苔。

他睡在那儿，青苔覆没了他，小豆儿再也不为人所注意了。

“谁知道将来会怎样咧！”他自己独个儿说。

小屋子里，住着一个穷苦的女人，她很勤劳也很强壮，她每天出去替人家砍着柴，做着工。她有一个生病的女儿，女儿还很小，但长得非常美丽，她病在床上一年了。妈妈去做工的时候，她总是整天静静地，睡在床上。

春天来了，一天早上，太阳光透过了小窗，直照到屋里的地板上。这时候，妈妈刚要出去做工，小小的生病的女儿忽然看着那最低的一格窗嚷道：“妈妈！这青青的东西是什么？看呢，爬到窗上来了，风吹着还动呢！”

妈妈推开了一点点窗门，看了看。“啊！一粒豌豆在这

儿抽芽啦，并且已经发叶子了。真是奇怪，怎么一粒豌豆会跑到这小洞里来的？好了，现在你有一个小花园了。”于是妈妈把小女儿的床移近窗口，让她好看见那小小的可爱的植物，她自己才去做工。

“妈妈我好起来了。”小女儿看见了妈妈便说，“今天，照在地上的太阳光是又暖和又明亮，小豆儿摇摆着是多么可爱，我将好起来了，我可以再跑到太阳底下玩去了。”

“那是最好了。”妈妈说。她拿一根小竹竿，撑着外面的豌豆梗子，使他不致给风吹折，因为，她女儿喜欢那小东西咧！她再拿了一根绳子，一头缚在窗槛上，一头缚在最高的窗格子上，好给小豆长起来时攀上去。看，小豆一天天地生长着了。

“长出一朵花来了！”一天早晨，妈妈突然看见豆梗上长着一朵花了。妈妈更加欢喜的，是小女儿一天天地好起来了；最近几天早上，她已能够抬起身子，看看她那只有一株豌豆的小花园。过了一个星期，小小的女儿可以坐起来了，并且还坐了一小时这么长久。

窗门开着，窗外的小豌豆，开了一朵粉红色的花，小女儿十分快乐，她弯着身子，轻轻地嗅着那美丽的花儿。

“啊！我的孩子，这是从哪里来的呢？有这么一株可爱的小豆，给你快乐，给我欢喜。”妈妈微笑地看着小女儿，小女儿也微笑地看着小花，小花好像是从天上来的小天使，也在微笑。

小女儿的面孔，渐渐和玫瑰花一样的可爱，她已经可以立在窗前，亲那豌豆花的瓣子了。

沙姬和丘比特

从前有一个很美丽的姑娘，名字叫做沙姬。她行在田野间采花，或者坐着编花冠，送给她的朋友时，那一副美丽的脸，惹得人人都爱。

她有许多朋友，但是和她最要好的，要算常常从天上来探望她的那一个了。那便是小小的有翼的天使——丘比特，他是很爱她的。

沙姬是个天真烂漫的女孩子，她什么也不懂的。一天，她干了一个无意识的把戏，把丘比特激怒了，他展开了玫瑰色的双翼，便飞了去。

一天一天地过去，丘比特不再来了。她虽然难过、后悔，也不能把丘比特唤回来。

后来，有人可怜她，便叫她到维纳斯庙里，去求求丘比特的母亲，看有什么法子。

沙姬听了，连忙跑到维纳斯庙里，在那闪光的梁柱和云石的阶沿下，她喃喃地念着祷告，可是维纳斯是怎么说呢？她说要丘比特是可以的，但她一定要做许多苦工，才能再和

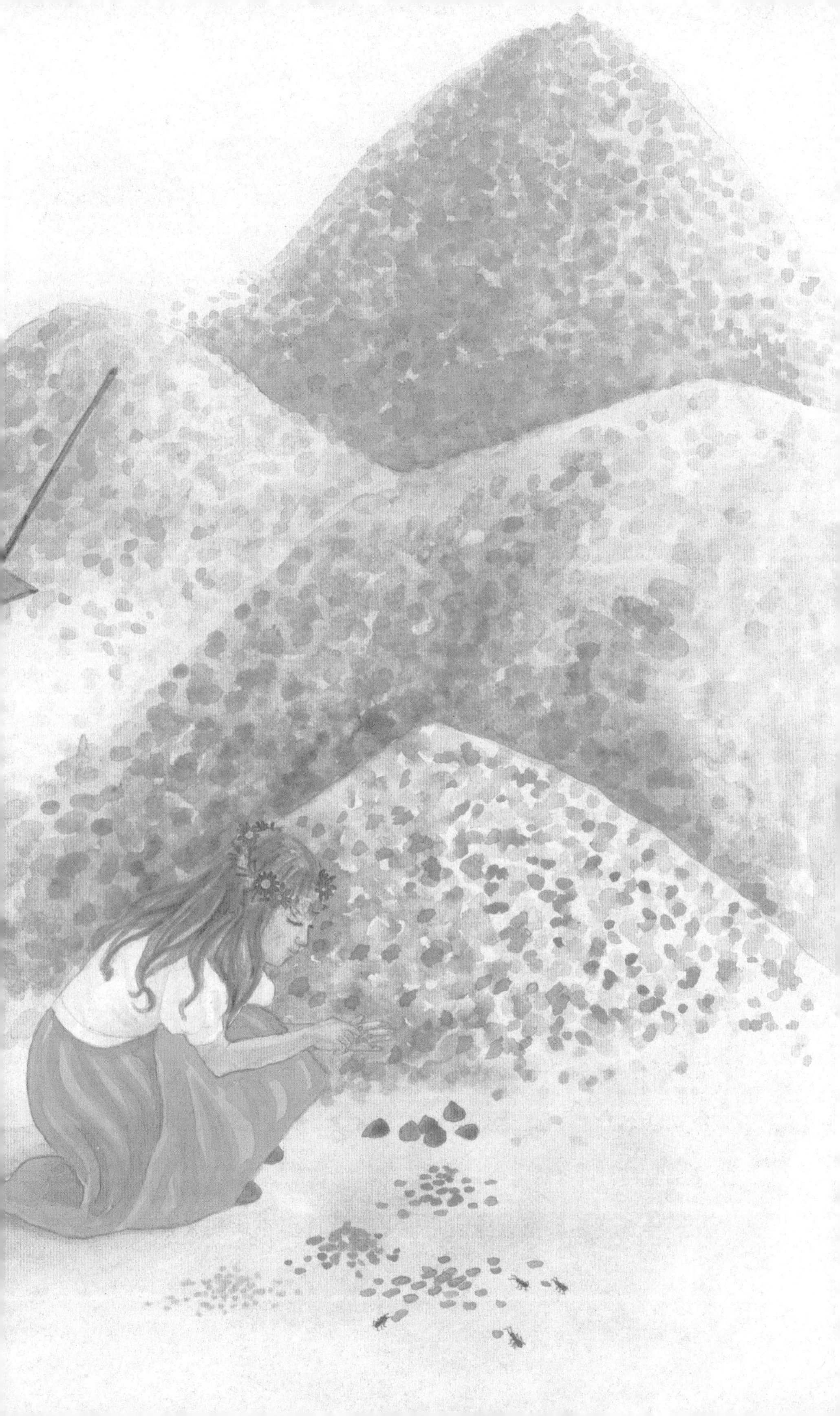

丘比特在一起。沙姬答应了，说做苦工也情愿的。但当她听了第一样要做的东西，她便呆住了。维纳斯领她走到一个很大的谷仓里，那儿乱堆着大麦、小麦、粟等各式各样的谷种。“日落之前，”维纳斯说，“你要把这许多谷种分开，各自堆成一堆。”

可怜的沙姬，她怎能做得到这事情呢？可是她立刻便动手做去，她想，能做多少做多少吧，尽所有的力去做就是了。于是她分啊，拨啊，堆啊，两手不停地做着，一直做到午后，她抬头一看，看见分好了的还只有这么一小堆，她真是难过极了。她再鼓起勇气，两手动得更快地做去，突然——奇怪的事情出现了。

沙姬一直没有注意，可是隔了一刻，她看见那些分好了的各样堆子，已经堆得很高很高了，那混合着的只剩下一些儿。四周围来了成千成万的小蚂蚁，每一只都像沙姬一样的耐心，在帮沙姬把谷粒分开来。他们连成一串，相互传递。这时候，沙姬做得更起劲了，日落之前，沙姬已把那些谷粒，一堆堆地堆得很整齐了，成千成万的蚂蚁便又都赶回洞里。

沙姬并不知道，到底是谁差遣这许多小蚂蚁来帮助她

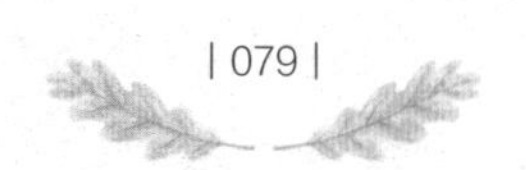

的，她又怎么料得到竟是丘比特差遣来的呢？

别的事情，自然不会比第一样来得容易，但是，一样一样，沙姬都做好了，而她所爱的朋友呢，还是杳无消息，她渐渐又失望起来了。

一天，沙姬正在又疲倦又丧气，很想他的时候，轻轻的振翼声在空中响了，忽然之间，丘比特已立在她的面前，她恍惚的像是在做梦。后来，丘比特告诉她，现在他已经可以和她在一起了。立刻，沙姬的肩上，生了一对美丽的蝴蝶翅，他们便一齐飞过那蔚蓝色的天空，飞上了天国，从此，沙姬和丘比特快乐地过着，再也不分离了。

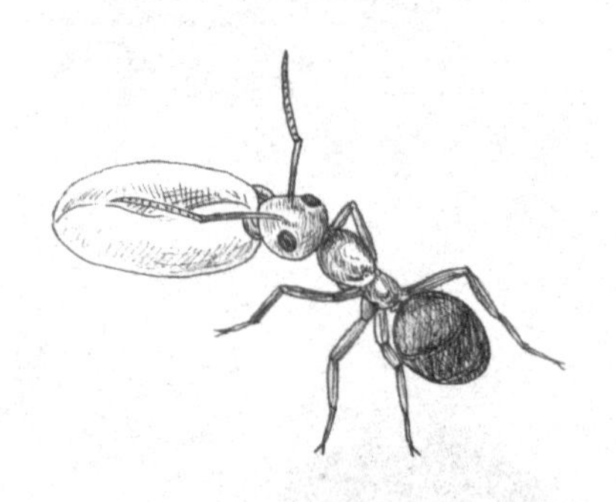

苹果老阿韩

年老的阿韩，已经弯了腰，

为着年年辛勤，小心和苦恼。

但是他的老心还觉着要——

要在世间种下些好的根苗。

“我能做些什么呢？”老阿韩道，

“天天忙，只是谋个肚饱。

做好事是要钱的，

我又穷得这样精光。”

老人坐着想了一朝，

忽然，得意地露着微笑，

他孩子似的拍拍双手，

自己说道：“有了有了！”

他做工，做工，做得两手不停，

有谁知道他想着什么事情，

做了工，他不要金，不要银，

他要几只苹果儿，小心地剜下了苹果的心。

装满了一袋，他便忽然不见，

不见他面，要有好几天。

他肩上搭了个行囊，

一边走着，一边低唱。

他好像闲游飘荡，

好像世上的许多懒汉，

可是行经那广大的草原，

这儿，那儿，他都把袋儿解开。

尖尖的棒儿打着洞，

每个洞里埋一个苹果种，

上面覆着泥土儿松松，

让它们收受阳光雨露的恩宠。

有时，他爬在草丛，

仔细地看察他做下的工。

夜深人静，他听见猫头鹰飞，狗儿吠，
他怕着，怕着有什么破坏了他的苦心。

有时，有个印第安人，
过来和他一起同行，
他常常自己忍着饥冷，
他把所有不多的面包，救济那些穷人。

印第安人看见他的袋里盛着苹果种，
也见他在地上捣着洞，
他想道："种些籽儿给后人，
这计策多么没用。"

有时，来到一间小木屋，
阿韩帮着人家锯些木，
这样，他可以有一顿饱食吃，
还可以歇歇疲劳的双足。

他会讲故事，
也会唱赞美诗，

他抱了婴儿，追着孩子，

玩耍的时候，他也是一个孩子。

他玩耍，做工，一样起劲，

人家劝他休息："阿韩，你且暂停一停。"

"不啊。"阿韩总是这么回答，

"我还要做些别的什么事情。"

小孩子常常跟着他走，

看他把苹果种在地下，

这样，日子多了，

"苹果老阿韩"，便传遍了人家。

种子已经没有，

他再入城搜求，

装满了袋，他就回转，

回转到乡间，又种在田野边。

有些人说，这老头儿疯了，

有些人说，这老头儿懒呵，

可是，他不理人家的笑骂，
他知道，他所做的是将来的活。

他知道这光秃的地面，
立刻便会有树儿万千，
将来在这大路边，
树影掩映，多么好看。

树枝儿弯做天然的凉亭，
粉红色的花下是草儿青青，
他手种下的小小籽儿，
到他死后，累累的苹果便会繁密成林。
他不停地远远近近地种，
渐渐的，阿韩已是老态龙钟。
死时候，他自我安慰地说道：
“虽然他做的工作很小，到底他种下了些好的根苗。”

疲倦的行人，远路的过客，
大树下，他们停着休息，
他们又是奇怪又是欢喜，

落下的成熟的苹果，可以缓解他们的饥渴。

如果他们问起树的根源，

他们知道这儿本是个广大的草原，

那么，人家将会说：

“这是苹果老阿韩种下的恩泽！”

风

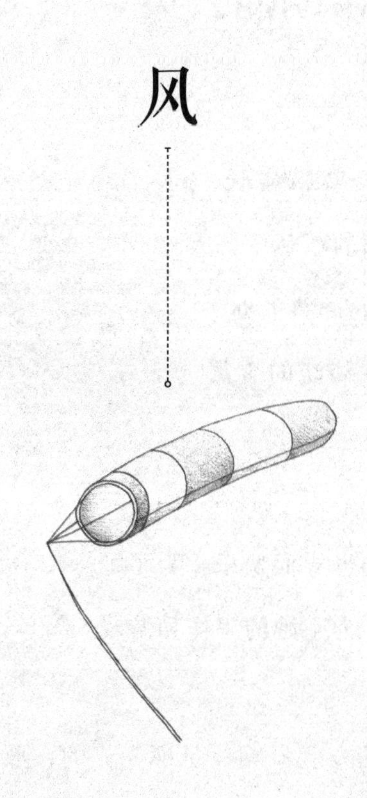

西风怎样帮助蒲公英

有一株蒲公英，生长在花园篱笆外面的草丛中，叶子是厚和青的；花儿是密和圆的，有着淡淡的金黄色的。

蒲公英永远快乐得像皇后一样，为了她的美丽的世界而快乐，为了她的可爱的朋友，为了她的工作和游戏而快乐。

谁是她的朋友呢？啊，是那光光的，照得小蒲公英暖和，照得她的叶儿青，照得她的花儿黄的太阳光；和那用着银色的珠子洒着她，有时大滴地淋着她的瓣儿叶儿，和她玩耍着的雨点。他们给小蒲公英生长和滋润。假使他们长时间不来呢，蒲公英便很想念他们了。大风也是她的朋友，蒲公英有一点点怕他们，可是，风如果是温柔的与静静的时候，或是差着他们的小小和风，来和她玩耍的时候，她还是很喜欢他们的。

蒲公英还有些别的朋友，那会唱的，会飞的，有柔软的羽毛的小东西——这个我们是称其为鸟类的。

昆虫也是她的朋友，来访她的蝴蝶像她的花儿般黄，蚱蜢像她的叶儿般青，蜜蜂忙着采蜜和花粉，蚂蚁迅速地来往跑着，还有许多极微小的小甲虫，他们都充盈着生命在生存。

除了这些，蒲公英还有花卉的朋友，离她不远，在路边的翘摇花；篱笆里面的，花园里的花。花园里要算牵牛花和她最接近了，她攀出了篱头亲密地和她结着朋友。

蒲公英常常和这许多朋友一起游戏，她自己生长着，结着好的种子。

长长的、明亮的日子过去了，蒲公英的种子也成熟了，她的金冠似的花已经变成银白色的蓬松一团了。那小的种子，便藏在这雪白的蓬松的球里面。

一天，蒲公英看见两个小孩子——麦克和耐莉——在花园里很忙地跑着，他们走到牵牛花的地方，她便听见他

们的说话了。

“麦克，放牵牛花种子的匣子呢？”那小女孩说，“这儿有许多熟的种子，我已经看见了。”

“在这里。”麦克回答，他正低头看着他所带着的篮子，“多摘些牵牛花种子，来年，我们要种遍篱笆边，还要分些给阿芬表姐。”

“是啊，那么她也可以和我们有一样的花儿了。”耐莉说着，一面拨开那牵牛花的叶儿花儿，找那胖胖的种子。他们把成熟的都摘完了，便又回到屋子里去。

蒲公英想着她刚才听见的话，她想，自己不也有牵牛花这么多的籽吗？也许他们不久会来摘取的。

几天很快地过去了，每天早晨，麦克和耐莉都到花园里来，采集各种花的种子，可是他们看也不看一看蒲公英，好像他们并不想到要采集她的种子，虽然他们也是很喜欢蒲公英的。

可怜的蒲公英，觉着很没趣，为什么麦克和耐莉不采摘她的种子，留到明春下种，和送给阿芬表姐呢？

还有什么人会来采摘她的种子？她的种子也是辛苦了半生，才得成熟的，而就这样一点儿用处也没有了吗？

听！“快乐吧！快乐吧！”果树上面的知更鸟唱着，微风轻轻拂过她的面，向她耳语道：“等着啊！等着啊！”微风过了，跟着空中一阵振荡。

“西风来了。”蒲公英想，随着她的腰儿摆了摆；果然，她听见西风的声音了。

“什么，呼……那儿的蒲公英！你热吗？我来给你扇扇凉，你湿吗？我给你摇掉那叶儿上花儿上的水点。”

“不。”蒲公英说，“我叶儿上没有湿，心儿也不觉得热，可是啊，我的种子是没用了，没有一个人来采摘它。”

“呼呼……”西风笑了，和蔼地笑了，“你愿你的种子能做些什么咧？”

“我希望它们明年会生长。”蒲公英说，“有些长在这儿，有些长在那儿，像那花园里的花一样。”

“呼，呼……”西风又笑了，和蔼地又笑了，“那是容易的。如果你的子儿已经成熟了，那么，我今日就把你这件事办了吧！”“你有带着匣子吗？”蒲公英问。“没有。”西风说，“我是和孩子们不同的，我收集种子，也就散播种子，我还把它们埋下了，让它们到明年春天，便好生长。”

“啊，谢谢你，善良的西风啊！”蒲公英说，“你真是个和蔼的朋友呢！”

“这也是我的一部分工作。”西风说，“我们兄弟是要散播许多种子咧，树林里的，田里的，所有生长在地上的。我不能和你谈这么久了，预备着吧，一，二，三！呼……它们去了。”

蒲公英觉着一股气吹过来，立刻，她的种子都给吹去了，她松松的毛茸茸的球儿现在已经变成光秃秃的了。

“怎么的咧？”蒲公英怪极了，“这么快就完了吗？”

她低头看看，看见草丛里有几粒她的种子，远些也有，再远些的呢，西风还带了它们在飞舞。

那连在种子上的，小小的银白的茸毛，它轻飘飘的，风借着它的帮助，可以把蒲公英的种子，吹到很远很远。

蒲公英快乐了。果树上的知更鸟，仍旧唱着他恳切的歌：“快乐吧！快乐吧！”小小的微风跟着西风低语：“等着啊！等着啊！”

“是啊！”蒲公英说，“我真是用不着忧愁，但又有谁知道，平凡的蒲公英的种子，会承西风的照顾呢！”

风袋

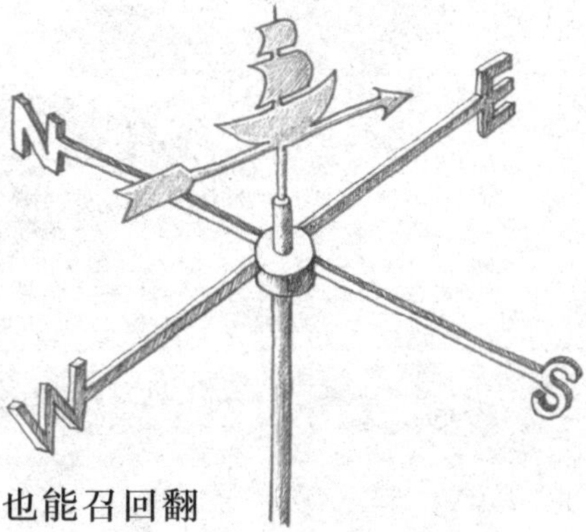

从前有一位国王，他带了许多仆从外出游玩。他的船一直游行到风王岛里，风王岛里住着风王，他管辖着所有的风，他能遣微风过大海，也能召回翻波掀浪的暴风。当国王来到他的岛里，他很优待地招呼着他们，待国王要走的当儿，他还送了他们一船礼物。

在这许多礼物里，最奇怪的，是一只膨胀的牛皮大袋，大得和一头牛相似。外面用一根闪闪发光的银绳缚着，风王把这东西放在船里后，便把国王拖在一边关照他道："我已把暴风装在这牛皮袋里，路上绝不再会有什么巨风大浪，你们可以放心航行了。如果遇着什么危险敌人，要船快走的时候，你便小心地开开那袋口，放一点儿风儿出来。立刻再用那根银绳子扎牢。这个切不要忘记啊！"他们殷殷地道别后，风王再遣那温和的西风去送他们的船。

一天一天过去了，他们平安地在大洋上驶着。到第十天，

国王很疲倦地在船里睡着了，几个水手便商议道：“这大袋里定是些什么宝物，”他们说，“拆开来看看吧！”他们便动手要解开那条银绳，可是才松了一松，狂厉的暴风已经迸出来了！一刹那，天昏地暗，怒涛汹涌，直把他们的船抛出了航线。水手呆着，他再也把不住舵了，国王也给大风浪惊觉了，船左右颠簸，他们大家都无法可想。

后来他们已不知漂到多远了，才看见一点儿陆地，水手们连忙把船抛锚，大家方才安心地生火弄饭吃。

他们这次旅行，经过了许多危难，但侥幸都能脱险。回家以后，国王常常把暴风的故事，讲给小孩子听。

北风

山脚下，住着风神和他的四个儿子——东风，南风，西风，北风。

一天，北风对他的爸爸说道：“我到外面去玩好吗？”

“好的。”爸爸说，“可是要快些回来啊！”

于是北风快乐地跑出去了。

他跑着，忽然看见一棵很美丽的果树，上面长满了青青的苹果。

“啊，来和我一起玩。”北风说，“来和我一起玩啊！”

“不。”苹果树说，“我要抚养我的小苹果，让他们渐渐地成熟咧，不然，秋天来了，小孩子哪有红红的大苹果吃呢？我可不能和你一起玩啊！”

“吁！”北风说——所有的苹果立刻都掉到地上了。

北风再跑，他看见一片美丽的稻田。

“啊，来和我一起玩！来和我一起玩啊！”北风说。

“不，不。”稻说，“我们要好好儿地生长。看啊，青青的穗下便是那小小的谷粒，我们要让他长起来做饭给小孩子

吃咧，怎有空和你一起玩呢？”

“呀！嘎！嘎！”北风叹了一口气，田里所有的稻都倒下了。

再向前跑，北风看见一朵小百合花在窗脚下开着。

“啊！你这可爱的百合花，来和我一起玩吧！”北风说。

“不能呢。”温和的小百合花说，“农夫的女儿身体不大好，而我是她的朋友，她每天早上，必定来向我笑笑，我也向她笑笑，如果没有了我呢，她便会很寂寞了。亲爱的北风，我实在不能陪你玩呢。”

北风轻轻地摸了她一摸，她的头立刻俯下了，从此不再抬起了。

这时，农夫从家里跑出去耕种，他看见了那些倒下的稻和一个苹果也没有的苹果树，“啊，北风到这儿来过了。”他说。回到家，小女儿告诉他，小小的百合花折了。

“这样吗？”农夫说，“我这就到风王那里，把这些事情告诉他。”

他一直跑到山脚下，见风王道：“早上好，风王！你那孩子——北风，到我的地方来了，他吹掉了我所有的苹果，吹倒了我所有的稻。还伤了我小女儿的百合花。”

“啊，有这事情吗？”风王说，“北风回来时，我会训诫他。”农夫就回家去了。

一会儿，北风回来了。

“孩子，”风王说，“那农夫已经到这里来过了，说你在外面闯下了许多祸呢！”爸爸将农夫所说的话，都告诉了北风。

“啊，是的。”北风说，“但我都不是有意的呀！我想和苹果树玩些时，可是我只说了一声‘吁’，所有的苹果便掉落了。稻也是，我还不曾知道，他们便倒下了。小花呢，爸爸你也看见过的，我因为爱她，走的时候，不过摸了她一摸。”

“我相信你没有说谎，孩子。可是你生来太粗暴了，以后，让农夫把苹果和稻收获了，花儿都已放进屋子里，雪花降了，你再和霜一同出去玩吧。”

蒲公英的循环

“小小的，闪耀在太阳光里的金发姑娘！

夏天过尽，你便怎么了啊？”

“我吗，我是老了，我将转做白头，

丝丝金发，都将变作银白。

可是啊，我的白发吹到什么地方，

什么地方明年你便看见另一个金发姑娘。

金发转白头，白头转金发，

告诉你吧，每一年都是这样的啊！”

鸽子

扇尾鸽

“怎么我这样不聪明呢？”小小的白扇尾鸽忧愁地说，“看上去，我竟没有一样东西是好的，母鸡生蛋给主人当早餐；牛有牛奶给人饮；火鸡养得肥肥的可以吃；猪猡可以做咸猪肉；而我，而我是什么用都没有。鸫鸟和山鸟会唱好听的歌，猫头鹰比一切鸟类都聪明。小猫捉老鼠，老狗守门，我鸽子会做什么呢？”

可怜的小白鸽！她怎么好呢？我想你们一定也会为她难过，如果在世界上没有一些用处，那是很难过的事情啊！

“我要到猫头鹰那儿去。”她说，“他是鸟类中最聪明的，

也许他会教我怎样才能有用。”

猫头鹰住在农场后面的树洞里，白日里他总是坐着不出，因为太阳光刺得他眼睛痛，人家说，这是因为他聪明的缘故。可是到太阳落了，周围都很黑暗的时候，他便飞出来了。他有一个钩形的嘴，和圆大的眼，看上去是庄严和残暴，这好像就是他比各种鸟儿都聪明的样子。

白鸽一直飞到那树洞里，很谦卑地低了头，站在猫头鹰面前。那聪明的老鸟眨了眨眼睛，一声也不响。他说话是极贵重的咧！

“先生，”白鸽说，“我可以和您说话吗？”

猫头鹰眨眨眼睛，并不说“好”或“不好”，于是鸽子说下去了：“先生，您是聪明的，而我很笨。我很难过，因为我什么都不知道，而且没有一样东西是好的。您能帮助我些吗？”

隔了好久，猫头鹰仍旧不说什么，小白鸽坐在一株丫枝上等着，她自己说道：“他大约是在给我想计策吧？”

她很耐心地等着，直等到林里的鸟儿都归巢了，太阳落了，猫头鹰才睁开了他的大圆眼睛看着小白鸽。

“现在，”她想，“他恐怕要说话了。”立刻，她的心便扑

通扑通地跳将起来。

“我是聪明。”猫头鹰说，“你是愚蠢。”他停了许久，小白鸽还以为他要说下去，战战兢兢地说道：“是的，先生！那么我该怎么办呢？”

“你该当好些啰！”猫头鹰说着，呼地飞到黑暗的林子里去了。

“他是聪明的。”小白鸽说，“可是像这样，我可看不出他的好处在哪里，教我怎样去要好呢？”回家后，她比以前更难过了。

第二天小白鸽仍旧十分难过，主人来时，她低着头躲在角落里不出来了。因此，主人觉着很奇怪，担心地去了。她想，怎么她的小宝贝今天不出来了呢？

农场里有只老鸭，他看管着农场里的家畜，他有着一副善良的心肠，他知道小白鸽不快乐了，便思量找些什么法子，来给她解忧。他是一只聪明的老鸭，知道世界的上许多东西，他已经有三岁了。

他带了个信给小白鸽，说要见她，小白鸽立刻来了，在这里，没有一个不听老鸭的话的。

“你有什么不称心，小白鸽？”老鸭和气地说，“太阳光

光地照着，豆和粟都茂盛地生长着，而你不把毛羽脱换脱换，三天来只是忧郁着干什么呢？”

“我在世界上是没有用的。”小白鸽难过地说，“别的禽兽都有用，只有，只有我没有用。”

“啊，呆鸟。”老鸭说，“你怎么会说你在世界上是没有用的？无论什么东西，在世界上都不会没有用，有些强有力，会做工，像马，他拖着重重的车子；有些是有才能的，可以教导人家，这都是他们的好处。有些是有悦耳的声音，

有些是有美丽的羽毛。是的，火鸡可以给人家吃，鸡会生蛋，猫头鹰聪明，鸫和山鸟会唱歌，可是什么人像你似的，有一蓬美丽的白尾巴，和粉红色的脚呢？”

“啊，我忘了我的尾巴了。”小白鸽说。

“是咧。”老鸭说，“你忘记了自己的长处，只是妄想着自己没有的东西，而把自己的天赋丢弃了。看你那美丽的白尾巴，弄得多么肮脏，多么褶皱啊！不看见今天女主人不高兴吗？因为她的小白鸟不出来迎接她的缘故咧！快些回去吧，小白鸽，不要这么难过了，尽自己的能力做去，做不到的事情不要妄想。”

于是小白鸽谢了老鸭的好教训，飞回家去，连忙修饰着她的羽毛。第二天，女主人来的时候，小白鸽快乐地飞出去迎接她了。

珠儿和她的鸽子

珠儿七岁大的时候，她哥哥给了她一对美丽的白鸽，这小女孩看见了那对鸽子，真是非常快乐。她给一只起个名字叫做“阿小”，另一只叫做“宝儿”。她最爱和他们一起玩，她从不把他们关在笼子里。

她有时推开了窗向鸽子们道：“这样好的早晨，到外面和别的鸟儿一同玩去吧！”于是两只鸽子扑扑翼，啄啄她的手，发出一种可爱的小声音，好像说道：“再会了，小主人，我们立刻就会回来的，一回来便告诉你，外面阳光的世界和

小鸟儿在做什么。”

珠儿到园里去采花，或和小羊囫囵玩着的时候，鸽儿们便飞来站在她的头上，或亲亲她的脸儿。

珠儿把面包屑放在手上，喂着他们，每天早上用清水给他们洗澡。

宝儿很爱阿小，时常约她一起出去散步。阿小空着时，便也一定陪着他出去。春天来了，阿小生了两个小白蛋，她伏在它们上面，直到孵化出两只小白鸽。

宝儿和阿小是多么欢喜啊，他们有一个小小的家庭了。珠儿放了许多面包屑在他们的窝外面，坐下看那小妈妈教小鸽儿们吃。

珠儿有时还听见那小妈妈咕咕地唱着小歌，哄她的孩子们睡觉。

鸽子和蚂蚁

一只蚂蚁跑到小河边去饮水，可是一个旋涡，把他卷到河里去了。这事情被鸽子看见了。他折了一根树枝丢在河里，这样便救了小蚂蚁。

没多少时候，一个猎人来了，他给鸽子布下了一个网，鸽子还不知道，蚂蚁却看见了，他在猎人的脚跟上咬了一口，猎人脚一跺，鸽子惊觉，呼地飞去了。

鸽子的故事

有一个人养了两对鸽子，分住在两间鸽棚里。每个鸽家庭都有一个爸爸，一个妈妈，和两只小鸽子。

一天，一对大鸽子飞出去找食了，他们的一只小鸽儿从鸽屋里掉下来了。还好，没有受伤，可是因为太小了，自己飞不回去。

这事情被另一间鸽棚里的一对鸽子看见了，他们好像在说道：“我们的小鸽儿，也会像这样掉下去的啊！想个什么法子把鸽棚修理修理吧。”这聪明和谨慎的爸爸妈妈飞出去了。一会儿，衔了许多小枝条回来，在门口筑了一道小小的篱笆，那小小的篱笆，小鸽儿可以望到外面，但不会像隔壁的小鸽儿似的掉出去。养鸽的人把小鸽儿拾起放进鸽棚里，亲自看见一对大鸽子衔着枝儿回来筑成篱笆，他说这是真的故事。

小白鸽

小白鸽坐在光明的檐下，

向那屋脊上的山雀儿问道：

“北风来了时，冷冷的，

冷冷的，那你怎么办呀？”

他伸着尖尖的嘴儿，在小小的洞里找寻，

找蛾儿，找蛭子，找着苍蝇，

找那自以为安逸的小蜘蛛，

他没有空和人家说话。

小白鸽是多么美丽啊，

雪白的羽毛在阳光里辉耀，

这面、那面地侧着头儿，

她无忧无愁快乐逍遥！

“咕。”她又说，“你这可怜的小东西，

霜儿下了，你便怎么办呢？

蜘蛛藏了，苍蝇死了，

那时候，还有雪花满天飘。”

山雀儿说话了：

“你自己怎么办呢，小白鸟？”

“我嘛，仁爱的手会给我谷粒和面包，

我耐心等着，不久春天便会来到。”

山雀儿大声笑着，笑得我都听闻，

“你呀！你这鸟儿为甚这么愚笨？

告诉我，你的翼儿要来做什么，

难道不能把你负到南方的国度？

“我将快乐地飞去，

飞去找温暖的居处，

那儿又是一个美丽的夏天，

小鸽子啊，你可能来？”

但是檐下的鸽子无话可答，

他只斜睨着庭前的红叶。

这时候我低声地向她耳语：

“小鸽子，我将饲你。”

面包师父

兔子的一家

兔子夫人和她的四个孩子，一同住在一只很小的纸盒子里，那小盒子小得只够他们容足，两只长耳朵呢，便从盒盖子的破洞里竖出来。

“忍耐些吧，孩子！至少，还有这样柔软的棉花，给我们垫着睡觉呢！”

自然啰，你想，住在这么一间狭小的房子里，小兔子们怎么会舒服呢？

兔子的家，是在一间玩具店里。那玩具店离小平儿的家很近。一天，小平儿的妈妈到这玩具店里来，把兔子夫人家都买去了。

她回到家里，便交给厨娘，厨娘揉揉鼻子笑道：“好了，我要弄些

东西，给小孩子开开心。”她便立刻继续去烘她的饼。

兔子夫人和她的四个孩子，从小盒子里被拿出来了。厨娘给他们洗了个澡，在每一个调好面粉的铁钵子里放上一只兔子，然后把这些铁钵放进烘炉。

炉门关上后，兔子夫人便喊道：“大儿！”“在这里，妈妈！”大兔儿应着。“二儿呢？”兔子夫人问。“在这里，妈妈。”二兔儿应着。“三儿四儿呢？”“都在这里，妈妈！”三兔儿四兔儿也应着。“这很好。”兔夫人说，“你们都舒适吗？”

“啊，好得很！”孩子们说。

火力渐渐升上来了，兔夫人和她的儿子都热得不耐。他们想，还是那狭小的纸房子里更好些吧！大兔儿喘息着叫道：

“唉，我气也透不过来了。”

他们差不多要热死的时候，炉门可开开了。“哈，烘得很好呢！”他们听见那厨娘说，立刻，她把饼儿拿到食物房里，放在架上冷着，兔儿们都苏醒过来了。

“我们常住在这儿了吗，妈妈？”兔儿问。

“我也不知道啊，孩子。”妈妈说。“无论到什么地方，我们都欢喜着吧，这也是一间很可爱的小房子。”

“是呢，好吃得很。”三兔儿舔着嘴唇在说。

于是兔儿们大吃着了。

隔了一刻，厨娘把那五个饼放在盘子里，端进孩子们的房间。小平儿和他的哥哥姐姐，每人拿了一个。

“我的饼里面，有些什么硬硬的！”小平儿咬了一口说。“我的也是。”“我的也是。”“我的也是。”几个小孩子都叫了起来。

你们知道是些什么吗？

自然是兔夫人他们一家了。从此，兔夫人他们便和许多玩具一起，快乐地住在孩子们的玩具室里了。

一只会买面包的狗

“啊哈！”面包师父把最后一个面包拿了出来，说道，“这炉烘得很好。”

他才把烘好的面包放过，小苏菲进来了。“喂，我妈妈要一个新鲜面包。”她说。“新鲜的，才烘好。看！还热乎乎的呢。”面包师父包了只面包，递给小苏菲，小苏菲给了他那只面包的钱。

小苏菲开了门正想出去，一只毛茸茸的大狗，衔着一只篮子进来了。它并没有带人来，小苏菲从不曾见过，狗会上店买东西的，于是她停着看它怎么样。

“啊！你来买面包吗？”面包师父说，“真是一只好狗。”

那只狗行近面包师父的身边便抬起了头，好像要递给他那只篮子似的，篮子里放着那只面包的钱，面包师父拿了它的钱，试着不给它面包，那狗便诧异地看了看他，“汪汪”地吠了起来。

“和你开玩笑咧，怎么这般认

真？”面包师父笑着，包了一只面包，放在它的篮子里，那狗才摇着尾巴，衔着篮子出门去了。小苏菲刚巧是和那狗同路的，便跟在它后面，看它一直跑到一所房子面前才停下来，那儿有一个女人在候着它。

“你们猜猜看，我在面包店里遇见些什么？”小苏菲一回到家，便这样向着爸爸妈妈和小兄弟们说，他们猜了又猜，把面包店里所有的东西都猜完了，什么饼干咧，蛋卷咧，小花饼咧等等。可是小苏菲都说不是，最后她才说出来，是一只会上店买面包的狗。惹得爸爸妈妈他们都笑了。